DE L'AMÉLIORATION

DE L'ESPÈCE CHEVALINE

EN FRANCE.

DE L'AMÉLIORATION

DE

L'ESPÈCE CHEVALINE

EN FRANCE

PAR MM.

LHERBETTE
Ancien Député.

DE QUATREFAGES
Membre de l'Institut (Académie des sciences).

EXTRAIT DU BULLETIN DE LA SOCIÉTÉ IMPÉRIALE D'ACCLIMATATION
(Nos de juin et juillet 1861).

PARIS
IMPRIMERIE DE L. MARTINET,
RUE MIGNON, 2.

1861

DE L'AMÉLIORATION DE L'ESPÈCE CHEVALINE EN FRANCE,

Par MM. **LHERBETTE**, ancien député, et **DE QUATREFAGES**, membre de l'Institut (Académie des sciences).

Si l'on n'examine la question de la production chevaline que sous le point de vue de la richesse d'un pays, on peut s'en rapporter pour cette production, comme pour l'immense majorité des autres, à l'industrie, guidée par l'intérêt personnel, toujours le plus vigilant et presque toujours le plus éclairé des conseillers.

Mais il est des produits pour lesquels les lois de l'économie politique sont dominées par des lois d'un intérêt supérieur. Au nombre, et en première ligne de ces dernières, est celle de la défense du pays.

Les chevaux de selle sont nécessaires à cette défense : on ne peut s'en approvisionner pour un long temps, et l'importation en pourrait devenir impossible au jour du besoin. La production de ces chevaux dans le pays même doit donc être, pour tout État, un objet de préoccupation constante, quelquefois même d'une intervention.

Il est des pays où cette intervention est inutile : telles sont notamment l'Angleterre, la Russie, l'Allemagne. L'Angleterre, nation maritime, n'a presque pas besoin de cavalerie. Le goût des chevaux, d'ailleurs, y est très développé ; et des richesses considérables, seigneuriales, assurées dans les mêmes familles par le droit d'aînesse et par des substitutions, y permettent des établissements particuliers, nombreux et durables. En Russie des steppes immenses, en Allemagne de vastes plaines, facilitent l'élève du cheval à de grandes fortunes territoriales. Mais, en France, les circonstances ne sont pas les mêmes. Les plus grandes fortunes y sont des fortunes financières, à la formation desquelles est consacrée la vie de l'homme, qui n'a que le temps et le goût d'acquérir, qui ne crée rien. Toutes, d'ailleurs, se subdivisent par les lois d'égalité entre les enfants dans les partages de successions. Une forte armée de terre, et, dès lors, une nombreuse cavalerie, sont nécessaires à notre puissance continentale. Enfin, si nos anciennes races de Chevaux de trait se sont conservées, celles de nos Chevaux de selle ont été toutes détériorées, et quelques-unes complétement perdues par des fautes, que nous signalerons et qu'il s'agit de réparer.

L'administration publique, en France, doit donc s'occuper de la régénération des Chevaux de selle, mais uniquement de ceux-ci ; et son intervention, plus ou moins forte, plus ou moins directe ou indirecte, selon les temps et les circonstances, ne doit jamais être conçue que dans la pensée de se retirer devant l'industrie privée, à mesure que celle-ci s'avancera. Pour toute administration publique, le jour du triomphe est le jour où elle cesse d'être nécessaire.

C'est aussi du Cheval de troupe qu'il sera surtout, presque uniquement question dans ces articles.

Modes d'amélioration.

Il est trois modes d'amélioration d'une race :

La *sélection*, ou appareillement entre eux des meilleurs animaux indigènes. C'est une alliance entre sujets de même race et de même sous-race.

Le *croisement* entre des animaux de races étrangères et des indigènes.

L'*acclimatation* d'une race étrangère, étalons et juments, adoptés comme seuls auteurs de produits, comme créateurs d'une race, *résultante* du sang étranger et du milieu où il est importé.

Sélection. — La sélection peut donner à une race indigène

toutes les qualités compatibles avec le milieu dans lequel elle vit. Et cette race, enfant du sol, est moins sujette à dégénérer que ne l'est une race importée. En dix ans, Daubenton a amélioré ainsi la laine de nos races ovines, très inférieures, au point de la rendre comparable à celle des plus beaux Mérinos. Mais ce procédé, qui a très bien réussi pour des Moutons auxquels on ne demandait qu'une qualité, réussirait-il de même pour des chevaux à qui l'on demande la réunion de tant de qualités diverses? Et si l'on pouvait l'espérer, combien du moins ne faudrait-il pas d'efforts, d'intelligence, de recherches, d'avances pécuniaires, de suite dans les idées et dans l'exécution, de sacrifices, qui ne seraient peut-être pas suffisamment rémunérés par le succès!

Croisement. — Le croisement opéré avec intelligence et suite est le moyen le plus prompt, sinon pour une transformation complète, du moins pour une grande modification d'une race. Il a réussi en Angleterre, où se sont rencontrées ces deux conditions; en France, où elles ont fait défaut, il a échoué. Il était, chez nous, flétri du nom de *mâtinage* jusqu'au temps de Colbert, où le besoin d'avoir vite beaucoup de chevaux l'emporta sur le désir de les avoir supérieurs. Et depuis il a été si mal employé, qu'il a perdu nos meilleures races; entre autres, celles des Ardennes, de la Bretagne, de la Bourgogne, du Nivernais, de l'Ardèche, du Limousin, du Dauphiné. Les seules qui se soient conservées sont celles qui ont pu s'y soustraire, celles dont ne s'est pas occupée l'administration des haras, celles de gros trait.

Pour réaliser de bons croisements, il faut connaître quelques lois de la physiologie, à laquelle beaucoup d'éleveurs ont le tort de rester étrangers; comme, il y a cinquante ou soixante ans, les industriels l'étaient aux sciences, qui, presque toutes, et surtout la chimie et la physique, ont depuis tant contribué au développement des industries et aux progrès de la richesse.

Dans l'ignorance de ces lois physiologiques, beaucoup d'éleveurs, guidés par quelques faits particuliers dont ils n'apprécient pas avec exactitude les éléments, croient qu'il s'opère toujours dans la génération un mélange des qualités des deux auteurs, qui se fondent entre elles et donnent des *qualités moyennes*. C'est là une grande erreur, généralement répandue dans la pratique, et non encore complétement disparue de plusieurs écoles; erreur qu'il importe de dissiper.

Les résultats du croisement sont soumis aux lois qui régissent l'hérédité en général (1).

Dans ces lois, il en est une qui se vérifie constamment. C'est celle-ci : Chacun des deux auteurs tend à transmettre au produit à la fois toutes ses qualités, bonnes ou mauvaises, tous ses caractères intérieurs et extérieurs ; sans qu'on puisse dire en quoi consiste, dans l'acte de la génération, la prédominance chez l'un ou chez l'autre de la puissance de transmissibilité. Il y aura donc chez le produit mélange égal des qualités, si cette puissance est égale entre les deux parents ; prédominance des qualités de l'un, si cette puissance est inégale; reproduction des qualités d'un seul, si cette puissance chez lui est assez forte pour annihiler celle de l'autre. Le premier et le troisième cas, celui d'une égalité parfaite et celui d'une annihilation absolue, sont des cas extrêmes qui ne se rencontrent peut-être jamais. Le deuxième, celui d'une prédominance, est le cas général, presque universel. Il donne au produit un résultat intermédiaire entre les qualités de ses deux auteurs.

Jusqu'ici tout le monde est à peu près d'accord. Mais là où est l'erreur d'un grand nombre de personnes, c'est sur la nature de ce résultat intermédiaire. Elles croient qu'il consiste en ce qu'une qualité transmise par l'un des parents est modifiée par une autre qualité venue de l'autre parent, de manière à se fondre pour faire une qualité mixte : qu'ainsi, par exemple, si le Cheval de course anglais, doué d'une grande force mus-

(1) Les principes les plus essentiels qui président à la formation des races ont été l'objet du cours d'anthropologie fait par M. de Quatrefages au Muséum d'histoire naturelle, en 1860. Ils ont été résumés par lui dans la *Revue des Deux-Mondes* du 15 décembre 1860 au 1er avril 1861. Des idées à peu près analogues avaient déjà été présentées par M. Prosper Lucas dans un ouvrage d'un grand intérêt, et trop peu connu, sur l'*hérédité naturelle*.

culaire, avec une ardeur qui la lui fait dépenser en peu de temps, est croisé avec une jument d'un tempérament froid, la force musculaire de l'un persistera tout entière, mais tempérée par la froideur de l'autre ; qu'ainsi l'anglais aura transmis sa qualité de force, sans transmettre sa manière de la dépenser. Les choses se passent parfois ainsi ; mais le plus souvent il n'en est rien. Chaque qualité transmise l'est le plus fréquemment avec son mode d'action ; est transmise telle qu'elle est. En un mot, le plus souvent le résultat intermédiaire dont il s'agit est dans la somme, mais non pas dans la nature des qualités transmises. C'est surtout quand il s'agit d'une qualité exceptionnelle et obtenue presque artificiellement, que si l'on peut parfois présumer, on ne peut jamais affirmer qu'elle sera transmise.

Par des causes encore incomprises, l'inégalité de puissance de transmissibilité entre les deux parents croisés semble être d'autant plus grande que leurs races sont plus voisines entre elles. Quelquefois même le croisement entre de telles races donne un produit qui semble appartenir presque en entier à l'une des deux.

De ce que nous venons dire, il résulte que le type dominateur imprimé à un produit de croisement devra finir par l'être tout entier, avec toutes les circonstances qui le caractérisent. On comprend toutefois que cet effet ne se réalise pas dans chaque individu. Il ne se réalise que dans l'ensemble de la race ; et d'autant plus que, par des croisements successifs, on rapproche davantage les générations suivantes du type qu'on cherche à généraliser (1).

La conséquence de ces principes, qui ressortent d'une multitude d'expériences et d'observations, est que, si rien ne venait contrarier les effets de l'hérédité, on finirait par transformer complétement une race en une autre ; qu'on aurait opéré un

(1) Tout ceci, nous prions le lecteur de bien le remarquer, s'applique seulement au métis, c'est-à-dire au produit du croisement entre deux races, non à l'hybride, produit du croisement entre deux espèces. Il est, à cet égard, entre le métis et l'hybride des différences que l'observation constate, mais dont jusqu'à présent la science n'a pas expliqué les causes.

changement de toutes les qualités de l'une en toutes les qualités d'une autre, modifiées toutefois par le nouveau milieu, par l'acclimatation, dont nous parlerons plus bas. Mais la tendance de chaque race à transmettre toutes ses qualités fait souvent que quelques-unes de la race qui a moins de puissance de transmissibilité passent cependant au produit. Dès lors, avant d'obtenir la transformation complète, combien d'animaux à qualités qui parfois ne s'harmonisent pas, d'animaux décousus !

Il est encore une considération importante dont on ne tient pas assez compte dans la pratique, bien qu'elle soit généralement admise en principe. Plus une race est ancienne, plus ses caractères sont fixes, et plus sûrement ils se transmettent par voie de génération. L'antiquité du sang est quelque chose de réel.

De tout ce qui précède, il suit que rien ne serait plus irrationnel que de prendre comme régénérateurs, pour améliorer une race, des animaux de demi-sang. Car, ne possédant pas complétement les bonnes qualités que l'on recherche, et ayant conservé une partie des mauvaises, que l'on veut éviter, ils transmettent un mélange des unes et des autres. Et, en outre, comme ils sont nécessairement de formation plus récente que la race à régénérer, ce sera cette dernière qui l'emportera, sinon à la première génération, du moins dans les générations successives. Les succès d'un tel croisement ne seront donc que des hasards, toujours en minorité. On sera obligé d'importer incessamment de nouveaux producteurs de demi-sang, sans arriver jamais à un bon résultat.

Acclimatation et conservation d'une race pure. — Le troisième mode, l'acclimatation d'une race pure, à conserver et à reproduire telle, interdit le mélange non-seulement entre les diverses races, mais encore entre les sous-races.

Et quand on a obtenu la race résultante des deux éléments, pureté originaire et action du nouveau climat, il faut bien se garder d'y verser encore du sang primitif par de nouveaux venus. Ce serait combattre les effets de l'acclimatation.

Ce mode est, sinon le plus prompt, du moins le plus efficace. Il a été couronné de succès pour les chevaux dans tous les pays où on l'a employé : dans le Turcoman, dans le Daghestan et dans d'autres contrées de l'Orient ; pour les moutons à laine fine importés d'Espagne en Angleterre, en Suède, en France. Il a les avantages de la sélection, en ce qu'on choisit dans le troupeau les animaux qui peuvent le mieux s'appareiller ; et il aide au croisement, en ce qu'il peut lui fournir des sujets, surtout des mâles, surabondants toujours, puisqu'il n'est besoin que d'un étalon pour vingt juments.

Pour l'un ou pour l'autre de ces deux derniers modes d'amélioration du Cheval de guerre en France, croisement ou acclimatation d'une race à conserver pure, quelle race étrangère faut-il importer de préférence ?

On doit, pour résoudre cette question, d'abord bien préciser les qualités désirées du Cheval de guerre ; puis consulter les lois de l'histoire naturelle et les leçons de l'expérience, afin de savoir quelle race étrangère possède ces qualités au plus haut degré, et quelles conditions favorables d'acclimatation parmi nous elle présente pour transmettre ces qualités dans une suite de générations.

Qualités du Cheval de guerre. — Les qualités du Cheval de guerre sont : constitution robuste, qui résiste aux fatigues prolongées, aux marches longues et répétées, aux changements de régime, aux privations de tous genres, à celles de nourriture, de soins, de sommeil ; sobriété ; ardeur modérée, qui stimule les forces assez pour les activer, mais pas assez pour les user ; habitude de les économiser pour un long service, et non de les dépenser en de courts efforts ; sûreté de jambes ; souplesse pour les temps d'arrêt, les détours, les manœuvres ; encolure relevée, qui couvre le cavalier ; enfin ensemble entre les divers organes, et non prédominance d'une qualité spéciale au détriment des autres ; docilité, courage.

Diverses races régénératrices.

On ne connaît pas exactement la patrie primitive du Cheval. On sait seulement que c'est dans le centre de l'Asie que, dès les temps les plus reculés, cet animal se trouve à l'état sauvage. C'est de là que, compagnon de l'homme, et l'un de ses plus anciens et plus utiles auxiliaires, il s'est répandu dans le monde entier.

Races des provinces caucasiennes. — Parmi les races chevalines de l'Asie, il en est dont l'origine se perd dans les siècles, et que des conditions spéciales de milieu, température et sol, comme son mode d'existence, ont contribué à entretenir et à améliorer sans cesse. C'est la race qui habite les grandes pentes caucasiennes : la Cappadoce (correspondante aujourd'hui à une partie des pachalicks de Sivas et de Caramanie); la Cilicie (bornée au sud par la Méditerranée, au nord par la Cappadoce, à l'est par la Pamphilie et la Pisidie, à l'ouest par la Syrie); l'Arménie, l'Assyrie (Kourdistan actuel); la Mésopotamie, entre l'Euphrate et le Tigre (formant à présent les pachaliks de Bakka, de Mossoul, de Diarbékir et de Bagdad); la Syrie, la Babylonie (comprise dans la partie méridionale du pachalik de Bagdad et dans celui de Bassora); la Chaldée, entre le confluent de l'Euphrate et du Tigre et le golfe Persique; la Médie; la Parthie (Turkestan actuel); la Circassie, la Géorgie (aujourd'hui Gurgistan). Faisons toutefois observer que les rapprochements entre les anciennes et les nouvelles dénominations de ces contrées sont seulement approximatifs; qu'ils ne pourraient être exacts, en raison des variations fréquentes et énormes que ces différents empires ont éprouvées à diverses époques. Plusieurs d'entre eux ont été, dans les vicissitudes des guerres, tantôt accrus, tantôt diminués, anéantis ou renaissants; immenses ou restreints, spéciaux ou fondus dans d'autres.

On voit que cette dénomination de *caucasienne*, nous ne la restreignons pas à la province actuelle dite Gouvernement du Caucase; que nous l'étendons à toutes celles de la chaîne du Caucase, à toutes les provinces bordant le grand système de montagnes qui sépare l'Asie au sud-est. — Nous ajouterons même que « entre le Terek et le Kour (ou véritable Caucase), croissent en abondance des herbes, la petite aurone et l'absinthe, pernicieuses aux chevaux. » (*Itinéraire de Tiflis à*

Constantinople, par le colonel Rottiers, p. 143. — *Voyage de Saint-Pétersbourg dans les diverses contrées de l'Asie*, par M. Bel. d'Autremont, imprimé à Paris en 1766.) Ce n'est pas dans un pays d'une végétation dangereuse, d'un climat froid, dans les montagnes du Gouvernement actuel du Caucase qu'il faut chercher le séjour, pas plus que le berceau de la pure race chevaline. Cette expression de *caucasienne*, impropre dans son sens actuel et restreint, est bonne dans son sens ancien et général. Elle nous épargnera un rapprochement répété et fatigant entre les anciennes et les nouvelles dénominations de ces contrées.

C'est dans ces contrées caucasiennes, surtout dans celles qui forment aujourd'hui la Circassie et la Géorgie, que sont les plus beaux types du règne animal et du règne végétal. C'est là qu'on a toujours pris et qu'on peut trouver encore ces types supérieurs d'une race chevaline qui n'a jamais été altérée ni par des croisements, ni par une vie factice, ni par aucun usage domestique.

Cette race était justement appréciée des anciens, très bons observateurs de la nature, qui, s'ils ne nous ont pas transmis sur ce sujet des ouvrages spéciaux à étudier, nous ont laissé de bons exemples à suivre.

Dans Homère, les chevaux de Rhésus, pour la capture desquels Diomède et Ulysse affrontent de si grands dangers, sont de ces contrées ; et l'on sait combien Homère possédait les connaissances de son époque.

Ce sont aussi des chevaux de ces pays qu'Hérodote cite comme ayant toujours été reconnus les premiers de tous. Et Hérodote, mal compris et appelé pendant longtemps le père des fables, est proclamé aujourd'hui par la science plus éclairée le père des vérités pour le récit des faits, sinon pour les explications des causes.

« Les Ciliciens fournissaient à Cyrus (le Grand) un cheval » blanc par jour, outre les chevaux de guerre. Les chevaux » les plus purs étaient à poil blanc, mais à peau noire (1). »

(1) Ce blanc est à reflets argentés. C'est la couleur regardée chez les anciens comme celle des chevaux du sang le plus pur. C'est encore celle

(Hérod., *Thalie*, liv. III, xc.) Ces derniers mots prouvent l'exactitude des observations de ce temps. Encore aujourd'hui on observe que plusieurs races supérieures dans diverses espèces animales ont aussi noires, soit toute la peau, soit certaines parties, comme le palais, le tour des yeux ou de la gueule.

A l'exemple des Perses, les peuples qui ont conquis ces pays, les Romains, les sectateurs de Mahomet, ont toujours exigé des peuples de la ligne caucasienne des impôts en chevaux. C'est même seulement depuis l'importation en Arabie de ces animaux par les Mahométans, qu'il a été parlé de la race arabe. C'est de là également que la Russie tire ses meilleurs chevaux.

« La Babylonie entretenait encore pour le roi (de Perse) en » particulier, sans compter les chevaux de guerre, un haras » (lisez troupeau, car les animaux y vivaient en liberté) de » 800 étalons et de 16 000 cavales; de sorte que l'on comptait » 20 juments pour chaque étalon. » (Hérod., *Thalie*, liv. III, xciii.) — Un étalon pour 20 juments, telle a toujours été la proportion dans l'antiquité; telle elle est encore aujourd'hui.

« Il y avait dans cette plaine (Niséenne, en Médie) de su-

qu'on estime le plus aujourd'hui dans l'Orient. « Les écuries du roi des Arabes Wahabi Ebn Sihoud, dans la ville de Darkisch, capitale du Neggdé, pays entrecoupé de vallons et de montagnes, sont tout ce qu'un amateur peut voir de plus beau. D'abord on y voit 80 juments blanches, rangées sur une seule file, d'une beauté incomparable, et si exactement pareilles, qu'on ne peut reconnaître l'une de l'autre. Leur poil, brillant comme l'argent, éblouit les yeux. 120 autres de diverses robes, mais également belles de formes, occupent un second bâtiment, qu'on ne peut également parcourir sans être saisi d'admiration. » (Extrait du récit du séjour de Fatalla Sayeghir chez les Arabes du Grand Désert, rapporté par M. de Lamartine.)

N'oublions pas que le poil blanc n'est signe de supériorité de race que s'il couvre une peau noire. Le poil blanc avec peau blanche ou rose est au contraire signe de dégénérescence. Chez la race pure, ce noir de la peau n'existe pas seulement au palais, aux narines, autour des yeux; il existe dans tout le corps. — Une autre remarque à faire sur tous les poils, de quelque couleur qu'ils soient, de ces chevaux de pur sang, c'est que sous l'étrille, et même sous la brosse, ils donnent, comme celui des animaux de la race féline, des étincelles très visibles dans l'obscurité.

» perbes haras (troupeaux) de 150 000 chevaux, qu'Alexandre » eut la curiosité d'aller voir à son retour de l'Inde. Il n'en » trouva que 50 000, les 100 000 autres ayant été volés pen» dant son invasion. » (Larcher, note 76, sur Hérodote, *Polymnie*.)

« Les plaines qui s'étendent du mont Argée aux bords de » la rivière de Sarus, nourrissent une race de chevaux esti» més dans l'ancien monde comme supérieurs à tous les au» tres par la beauté de leur structure et par leur incompa» rable vitesse. Ces animaux sacrés étaient destinés au service » du palais et des jeux impériaux; et la loi défendait de les » profaner pour le service d'un maître vulgaire » (Gibbon.)— Gibbon donne le nom de *sacrés* à ces animaux, probablement d'après ce passage d'Hérodote :

« Venaient ensuite 10 chevaux sacrés Niséens, avec des » harnais superbes. On leur donne le nom de Niséens, parce » qu'ils viennent de la vaste plaine Niséenne, en Médie, qui en » produit de grands. Derrière ces 10 chevaux paraissait le » char sacré de Jupiter, traîné par 8 chevaux blancs; et der» rière ceux-ci marchait à pied un conducteur qui tenait les » rênes; car il n'est permis à personne de monter sur ce » siége. On voyait ensuite Xercès sur un char attelé de che» vaux Niséens; le conducteur allait à côté (1). » (Hérodote, *Polymnie*, liv. VII, XL).

« Les Arméniens donnaient tous les ans au roi, pendant » les fêtes de Mithra, 20 000 jeunes chevaux. Ces chevaux » venaient de la plaine Niséenne. » (Strabon, liv. XI.) Il paraît par là que Strabon pensait que cette plaine était en Arménie, quoiqu'elle fût réellement en Médie. Mais peut-être, du temps de ce géographe, cette plaine dépendait-elle de l'Arménie. (Larcher, note 173 sur le § XLIII, *Thalie*, liv. III, Hérodote.)

« La Médie était le plus puissant royaume de l'Asie, soit » que l'on considère l'étendue du pays, soit qu'on la regarde

(1) Les Romains ont quelquefois, dans leurs triomphes, adopté le même cérémonial. Camille, dans son triomphe à Rome, et Néron, à son retour de Grèce, dans ses ridicules triomphes à Naples, à Antium, à Albe, à Rome, étaient sur un char traîné par des chevaux blancs.

» par le nombre et la force des hommes ou même des che-
» vaux qu'on y trouve. C'est elle qui fournit toute l'Asie de
» ces sortes d'animaux ; et ses pâturages sont si bons, que les
» autres rois y mettent leurs haras. » (Polybe, liv. X, fragment 6.)

Le rapprochement de ce passage de Polybe avec ceux d'Hérodote et de Gibbon donne à penser que la Médie était moins la mère que la nourricière des chevaux primitifs.

C'était de là que, sous les Romains, étaient tirés les meilleurs chevaux.

« Il est temps d'ouvrir la carrière aux chevaux hémoniens, » dit Properce :

Et campum Hemonio jam dare tempus equo.

L'Hémus était, comme chacun le sait, un pays de montagnes entre la Thrace et la Médie. — Dans une autre élégie, le même poëte désigne comme hémoniens ces animaux d'Achille rapides, et en outre si intelligents, qu'Homère leur prête la parole :

Fortem illum Hemoniis Hectora traxit equis.

« Il traînait le grand Hector à son char emporté par des chevaux hémoniens. »

Les chevaux des pays accidentés ont l'intelligence surexcitée, et dès lors plus développée, par la nécessité où ils sont continuellement de se tenir en garde contre les surprises des animaux. « Préfère le cheval de montagnes au cheval de plaines, » dit l'Arabe.

« Une des plus belles races, la Palmyrienne, fut confisquée
» sur un rebelle, dont les domaines étaient à environ 16 milles
» de Tyane, près du chemin de Constantinople à Antioche. » (Gibbon.)

Dans la Bible, les habitants de la Chaldée, qui touchait à la Médie, sont désignés comme « nation d'une incroyable vitesse, dont les chevaux sont plus légers que les léopards. » (*Habacuc*, ch. I, §§ 5 et 6.)

« Cette race chevaline de la ligne du Caucase avait encore sa supériorité et sa réputation sous le Bas-Empire. Des lois de cette époque s'occupent de sa conservation (*Codex Theodosianus*, lib. IX, tit. 6, *De grege Dominico*). Et le célèbre Godefroy a recueilli tous les passages de l'antiquité relatifs aux chevaux de Cappadoce. » (Gibbon.)

Des chevaux de Cappadoce avaient été envoyés en cadeau à François Ier. Ils furent dédaignés, abandonnés aux plus vils services. La vigueur avec laquelle ils y résistèrent pendant longues années leur fit rendre justice, et donna naissance à ce proverbe : « Il est comme les chevaux de Cappadoce, il devient meilleur en vieillissant. » Ainsi furent également dédaignés, sous Louis XV, Godolphin Arabian, qu'un Anglais trouva attelé à une charrette ; sous Louis XVIII, un autre oriental, à lui envoyé en présent, et qui passa de ses écuries aux fiacres, d'où il fut tiré pour un haras particulier.

Voici quelques détails qui viennent d'un prince, grand propriétaire de chevaux en Circassie. Nous croyons bon de les relater, tels qu'ils nous ont été transmis.

Les animaux sont laissés constamment à l'état primitif, en pleine liberté, dans un genre de vie naturelle. L'homme n'intervient que pour les protéger et les secourir ; pour surveiller les accouplements, éloigner de la production les médiocrités, empêcher les mésalliances. Toujours au grand air, stimulées dans leur croissance par un exercice continuel, mais volontaire, par les intensités alternatives de la chaleur et du froid des régions élevées de ce large continent ; n'ayant souvent qu'une chétive nourriture d'herbes brûlées l'été par un soleil ardent ou étouffées l'hiver sous la neige ; harcelées par les fréquentes attaques d'animaux féroces, de loups surtout, dont les bandes les obligent à des veilles et à une agitation continuelle, à des luttes terribles, à des fuites d'une longueur excessive, presque sans relâche, dans des terrains accidentés, coupés de cours d'eau larges, rapides et quelquefois encaissés ; astreintes ainsi à un jeûne prolongé ; décimées dans ces épreuves incessantes, où toutes les médiocrités succombent, ces races, où ne survivent que les sujets fortement organisés, sont d'une complexion à toute épreuve. C'est là une véritable *sélection naturelle*, dans le sens que Dauvins donne à ce mot dans son curieux et savant ouvrage sur l'origine des espèces. Cette sélection fait plus pour la valeur de la race entière que ne pourrait faire l'éducateur le plus intelligent, qui ne consentirait jamais à sacrifier une partie de ses produits.

Les animaux de cette race, à leur entrée dans la vie, ont presque la force et l'activité des adultes, et les conservent jusqu'à leurs derniers moments. Ils meurent, mais ne vieillissent pas. Ils naissent adultes, vivent jeunes, meurent âgés, mais non vieux. Ils sont d'une vitalité, d'une résistance, d'une *robusticité*, d'une sobriété et d'une agilité extraordinaires. M. le baron d'Hanens, qui a longtemps séjourné dans ces pays, écrit : « Avec trois chevaux valant chacun au plus 100 francs, attelés de front à une voiture, j'ai fait près de 100 lieues en trente-six heures. Ils ne furent débridés que quatre fois, et ne s'arrêtèrent, tout compris, que pendant cinq heures sur les trente-six. On ne les dessella qu'une fois, de dix heures du soir à deux heures du matin, au milieu de la bruyère, où, pour se reposer, on leur permit de paître sans aucun soin, sans abri. » Ces voitures sont, il est vrai, fort légères, tout de bois, sans un seul morceau de fer, très petites ; mais les routes sont très mauvaises, si même on peut leur donner le nom de routes, coupées qu'elles sont d'ornières, de trous, ou se frayant dans le sable et dans la bruyère. Par ce que font de malheureux animaux de louage, jugez de ce dont sont capables des animaux d'élite ! Ajoutons que leur genre de vie sauvage, accidentée, périlleuse, leur a donné finesse exquise de sens, rapidité et sûreté d'intelligence, développement de l'organe d'orientation.

Les sous-races, bien qu'unies par des liens communs, sont différenciées par plusieurs qualités ; et, dans la monte, on évite tout mélange de sous-races. De quelque noblesse que soit un cheval d'autre sous-race, il est repoussé du troupeau comme pouvant compromettre l'unité parfaite. Au surplus, les individus de ces sous-races distinguent si bien eux-mêmes les différences qui existent entre elles, qu'ils se refuseraient presque toujours aux croisements. Ces sous-races sont même quelquefois ennemies l'une de l'autre, au point de s'attaquer avec fureur. Quant aux métis, si belle que soit leur conformation, ils sont toujours dédaignés pour la production, et restent même sans valeur commerciale.

Les caractères de conformation communs à tous les individus des sous-races vraiment pures de chevaux de ces contrées sont : Grande longueur du corps ; articulations à angles aigus et élastiques; largeur du front, excepté chez l'une d'elles, et petitesse de la partie inférieure de la tête ; grande expression; raccourci et énergie de la queue, et aussi des extrémités des membres, qui semblent d'une trempe métallique; richesse du sabot, finesse des crins et des poils; peu de châtaigne ; plus de profondeur et d'épaisseur d'articulations dans l'avant-main que dans l'arrière, et les pieds de devant plus gros que ceux de derrière. L'aspect de chaque individu frappe, non par des dimensions extraordinaires, mais par la parfaite symétrie et par la vitalité de l'ensemble, par la majesté de la pose et par celle des mouvements, par l'énergie du regard. Et, en raison du non-mélange entre les diverses sous-races, ni même entre les diverses familles, l'aspect du troupeau de chaque sous-race est le plus souvent uniforme et unicolore, comme celui d'un troupeau de moutons bien dirigé (1).

(1) Nous croyons qu'on ne lira pas sans intérêt l'indication, telle qu'elle a été donnée par le personnage indiqué plus haut, des caractères et des noms des principales sous-races; bien que notre mémoire n'ait peut-être pas conservé la parfaite exactitude ni l'orthographe de ces noms.

La Dalibos. — Forme longue, horizontale, près de terre ; élastique ; front moins large que dans les autres sous-races, et même tête busquée ; pelage généralement blanc, alezan doré dans quelques familles et alezan brûlé dans quelques autres. Grande vigueur, grand courage. Chevaux de premier ordre pour les longues courses, qu'ils fournissent avec une rapidité soutenue, et pour la guerre, où ils prennent, avec leurs maîtres, part au combat. Hostile à l'Alapotska et à la Ziland.

L'Alapotska. — Autre famille de guerre, plus ramassée dans la forme, très recherchée des hommes corpulents ; poil gris. Ennemie de la Dalibos et de la Grahat.

La Grahat. — Aussi race de guerre. Elle court, nage et franchit les obstacles

Race arabe. — Avant de parler de la race arabe, il faut bien s'entendre sur cette expression, qui est prise en deux sens différents. Nous avons expliqué pourquoi nous employons le mot de *caucasienne* dans un sens général ; il nous faut expliquer que nous allons, au contraire, conserver à celui d'*arabe* son sens restreint, propre, comme désignant la race de la presqu'île de ce nom. Quelques personnes donnent la dénomination d'Arabie à tous les pays conquis, ou même seulement subjugués ou envahis momentanément par les Arabes, sous Mahomet et sous ses successeurs, et restés ensuite mahométans même après s'être affranchis de la domination arabe. Pour ces personnes, l'Arabie hippique, comme elles l'appellent, s'étend à l'ouest jusqu'à la Syrie ; au sud-ouest, jusqu'aux mers d'Oman et des Indes ; au nord, jusqu'au Tigre et au golfe Persique ; au sud, jusqu'à la mer Rouge. Elles comprennent donc, sous la dénomination d'*arabes*, une grande partie des races que nous avons appelées caucasiennes ; et, en dissidence

admirablement. D'un grand prix dès lors pour les partisans ; très attachée à ses maîtres. Ennemie de l'Alapotska.

La Ziland. — Du nom de la tribu kurde qui l'a créée. Pelage bai-sanguin ou gris-truité. Tête large dans les parties cérébrales, fine et longue dans le bas ; nature la plus athlétique ; formes du chevreuil ou de la gazelle. La plus rapide de toutes les races pour une course de courte distance. Il faut être habitué à monter des chevaux de cette race pour ne pas être laissé en arrière au départ, ou lancé dans le vide à l'arrêt. Ce caractère sérieux. Très hostile aux autres sous-races, surtout à la Dalibos, avec laquelle elle forme contraste en tous points.

La Zaroulard. — D'un bai éclatant, porphyre. La plus haute ; magnifique de souplesse, de cadence, de relevé ; à fuites d'une rapidité incomparable, mais très courtes. Race de luxe et d'apparat ; la plus agréable à monter.

La Tocmak. — D'un bai brun ou d'un alezan brûlé. D'une conformation se rapprochant de celle de la Dalibos, mais plus charnue ; imposante, calme ; propre aux poids lourds et aux charges en ligne ; combattant à coup d'épaules, pour renverser ses adversaires. Facile pour la nourriture ; résistant bien aux fatigues et aux privations ; excellente pour la guerre.

Il est inutile de répéter ce que nous avons dit dans la note de la page 10, que chez toutes ces sous-races, quelle que soit la couleur du poil, celle de la peau est toujours noire.

Toutes ces sous-races, formées de temps immémorial, sont infiniment supérieures à toutes les autres, surtout dans leurs spécialités.

avec nous sur les mots, elles seront avec nous d'accord sur les choses. Comme nous, elles pensent que ce n'est pas dans la presqu'île de l'Arabie, dans les déserts de ce pays, qu'il faut placer le berceau de la race chevaline ; que là n'a pu naître ni se développer cette race primitive ; que là non plus ne s'est point conservée la pureté de la race importée. Ce n'est qu'une question de mots, si l'on veut, mais elle n'est pas sans intérêt. Il nous paraît mauvais de confondre sous une même dénomination des races essentiellement différentes.

Les Arabes eux-mêmes, dans les origines orgueilleuses qu'ils donnent à leur race chevaline, proclament qu'elle n'est pas indigène. Qu'elle vienne du haras de Salomon, selon les uns; des écuries de la reine de Saba, selon d'autres; de cinq juments offertes à Mahomet par des princes de la Syrie, selon une troisième légende, toujours est-il qu'elle est d'origine étrangère. La vérité est que les familles chevalines de la presqu'île de l'Arabie, quoique toutes de sang oriental, supérieur au sang européen, ne se sont cependant améliorées que lors des incursions des lieutenants de Mahomet dans la haute Asie, par les chevaux qu'ils avaient ramenés notamment d'Arménie et de Cappadoce. Ces chevaux étaient de sous-races toutes nobles, mais différentes de types, de complexions, de mouvements, de qualités. Il en a été opéré un mélange confus. Le sang arabe est donc originairement caucasien pour les mâles, mais mélangé pour les femelles indigènes à l'Arabie. Il n'est resté pur que pour les animaux nés des mâles et des femelles venus aussi des lignes caucasiennes, et non croisés avec des indigènes, ni même croisés entre eux de sous-races ou de familles différentes. Ce sont ces animaux qui forment la superbe race que les Arabes disent issues des cinq juments de Mahomet, et qu'ils nomment *Kocklanis*. Mais ils sont en bien petit nombre, si même il en est de vraiment purs. Les prétendus titres de généalogie fournis par les Arabes ne sont le plus souvent que des supercheries. En outre, il est extrêmement difficile de se les procurer. L'Arabe ne veut jamais vendre ces animaux de premier ordre, dont les qualités font son orgueil et les produits sa richesse. Et quant aux présents que les souverains en font, dit-on, un homme qui a été longtemps attaché aux écuries du pacha d'Égypte, en qualité de vétérinaire en chef, M. Hamont, nous rapportait qu'il y avait dans ces écuries cinq classes de chevaux : la première, pour la reproduction ; la deuxième, pour le service du pacha ; la troisième, pour celui des membres de sa famille ; la quatrième, pour son escorte ; la cinquième, pour les services communs ; et que jamais on n'avait vendu ni envoyé en présent, même aux souverains étrangers, que des animaux de cette dernière classe. Il en est de même à Constantinople. Si parfois le sultan ou le pacha en laissent choisir un dans une classe supérieure, ils ont soin, lors de la livraison, de le faire remplacer par d'autres de la dernière, de même couleur et de ressemblance de conformation. L'élevage dans des contrées souvent arides, privées d'herbes, l'usage des entraves, une équitation dure, ont forcé le Cheval arabe dans ses ressorts, l'ont atrophié ; ont remplacé chez lui l'ordre et le grandiose primitif par la discordance, et, comme conséquence, la force calme par la pétulance. La vigueur du sang qu'il a conservée fait qu'il transmet à ses produits ses défauts avec plus d'énergie que ne le ferait un animal de race moins noble. Au total, ce n'est qu'une race bâtarde et appauvrie, dans laquelle se trouvent cependant de très beaux et très précieux animaux.

Race anglaise. — La race anglaise dite de pur sang descend des *juments royales* (*Royal mares*) arabes de Charles Ier, croisées avec Godolphin Arabian et Darley Arabian, et peut-être aussi, pour quelques familles, avec des individus de sang indigène.

C'est une race orientale modifiée par un changement de climat plus froid, plus humide, et dans un but spécial, celui de la course, et non celui d'un service régulier.

Cette race a été distendue dès le jeune âge par des efforts d'entraînement qui ont détruit l'ordre et l'harmonie de l'organisation primitive. Le Cheval anglais de pur sang est forcé dans les points principaux de mouvements ; dans les épaules et dans les hanches, sorties de l'obliquité naturelle ;

dans les extrémités, allongées ou étiolées par les souffrances. Huché sur de longues jambes, emmanchées d'un long cou, il est roide, sans souplesse pour les détours, les arrêts; il rase le tapis et est peu sûr dans les chemins raboteux. Il n'a pour lui qu'une grande vitesse; mais la vitesse rectiligne, invariable de la flèche ; vitesse presque toujours inutile, de courte durée, et exclusive de la vigueur de fond. La prodigalité de dépense des forces, en peu d'instants, est l'opposé de l'économie des forces pour une longue résistance. Et la puissance musculaire, qui lui donne cette vitesse, il la transmet, d'après ce que nous avons dit à l'article du *Croisement* (pages 7 et 8), telle qu'il l'a, devant se prodiguer en quelques instants, et non se ménager pour des fatigues prolongées ; il la transmet dans des conditions opposées à celles qu'il faut au cheval de service. Ajoutons que l'hygiène à laquelle on l'a habitué le rend délicat, incapable de résister aux privations, au défaut de soins. Et quant aux qualités intellectuelles, cet animal, dont on a toujours prévenu les besoins, qu'on a toujours tenu renfermé dans des écuries, doit rester inférieur aux deux races précédentes, dont les facultés ont été développées, chez la première par la vie à l'état de liberté, et chez la seconde par une vie commune sous la tente et dans la famille de l'homme. En un mot, ce cheval de serre tempérée, élevé pour le luxe et pour le jeu, ce cheval d'hippodrome est tout l'opposé du Cheval de guerre, pour la production duquel on le choisit en France. Il est aussi impropre à la vie de caserne et de bivouac qu'un enfant choyé des grandes villes le serait à celle des pionniers américains. Dans les guerres civiles des Romains, divers chefs enrôlèrent des gladiateurs, dont les muscles herculéens avaient été développés, fortifiés par des exercices spéciaux, par une nourriture substantielle, par un régime régulier : ces héros de cirque succombaient promptement aux fatigues variées et aux privations que supportaient sans peine les plus vulgaires soldats. Le Cheval de pur sang anglais, c'est le cheval de cirque, doué d'une qualité prédominante : ce qu'il faut comme régénérateur du Cheval de troupe, c'est le cheval soldat, sans prédominance d'un organe quelconque, mais de bon ensemble entre les divers organes.

Un dernier inconvénient, très grave, est que, par suite de la diversité des familles et même des sous-races des premiers régénérateurs orientaux de la race anglaise et de ses régénérateurs subséquents tirés des hippodromes, tous les produits anglais diffèrent de conformation et de mouvements : signe frappant de bâtardise.

Nous ne parlons pas des chevaux de demi-sang anglais, dont, par décision récente, on va prendre pour régénérateurs encore un plus grand nombre qu'on ne l'a fait jusqu'à présent. Nous nous sommes expliqués à cet égard, à l'article du *Croisement* (page 7). Ce qui rend encore plus irrationnel l'emploi de ces animaux comme régénérateurs chez nous, c'est que, pour les produire, les Anglais viennent souvent chercher nos chevaux de fort trait, dont nous allons ensuite parfois leur acheter les produits bâtards.

De l'acclimatation.

Telles sont, en elles-mêmes, les trois races que nous pourrions importer. Mais elles seront modifiées, dans cette importation, par l'acclimatation dans un nouveau milieu, comme elles le seront aussi par le croisement quand on y aura recours.

Nous avons expliqué plus haut les effets du croisement.

Sans entrer dans les détails des effets de l'acclimatation, nous allons en indiquer les principes.

La question de l'acclimatation embrasse tout le milieu ; non-seulement l'air, comme tout le monde le sait, mais aussi le sol, dont il faut reconnaître l'importance; et le sous-sol, dont on s'est peu occupé, quoique l'influence, par les émanations et par les eaux, en soit cependant énorme quant aux plantes, et dès lors quant aux animaux qui se nourrissent de ces plantes. Cette influence a lieu même sur les pelages.

Mais, comme en France se trouvent tous les sols et les sous-sols les plus favorables à l'élève des chevaux, des terrains calcaires, des siliceux, des ferrugineux, qui ne veulent que des natures énergiques et qui détruisent toutes les natures molles ; comme les détails à leur égard seraient d'ailleurs extrêmement longs et n'apprendraient rien de nouveau, nous ne traiterons de l'acclimatation que sous le point de vue de la température.

Tout changement de milieu tend évidemment à modifier l'organisme. Et l'effet est toujours proportionné à sa cause ; la modification d'autant plus forte, que plus grande est la différence entre les milieux.

Le principe fondamental de l'acclimatation, tant pour les animaux que pour les végétaux, devrait être de procéder toujours par gradations, par étapes du lieu de départ au lieu d'arrivée. C'est par ce procédé que plusieurs espèces ont irradié à d'immenses distances de leur centre de création ; que l'homme a peuplé les solitudes brûlantes des deux mondes et les glaces des pôles. Et c'est à la violation fréquente de ce principe que sont dues presque toutes les difficultés, les impossibilités contre lesquelles chaque jour la pratique vient échouer.

La physiologie enseigne et la pathologie démontre qu'en général, et toutes choses égales d'ailleurs, les transports exercent une influence modificatrice moins énergique : 1° dans le sens des parallèles que dans celui des méridiens ; 2° et du midi au nord que du nord au midi. L'action du froid est d'abord débilitante ; mais elle est suivie d'une réaction proportionnelle, qui est stimulante : le froid agit donc finalement à la façon des toniques. L'action de la chaleur est précisément inverse : stimulante d'abord, et débilitante en résultat. Ces phénomènes ont servi en médecine de base à des méthodes de traitement, justifiées par le succès.

Nous ne parlons ici du froid et de la chaleur qu'exercés dans certaines limites ; ces changements extrêmes de température sont toujours funestes. Le nègre du Gabon, amené en Europe, succombe rapidement à la phthisie ; comme l'Européen transporté au Gabon sent ses forces s'évanouir peu à peu, et sa vitalité s'éteindre. Néanmoins, l'être du Midi résiste mieux au froid que celui du Nord à la chaleur. Et même, en raison de la provision plus grande de calorique qu'il avait pour ainsi dire en réserve, il résiste mieux, pour un temps, à un froid extrême que l'être d'un climat modérément froid (1).

Lorsqu'il s'agit de comparer les températures de deux contrées, surtout au point de vue de l'acclimatation, on doit tenir compte de données que trop souvent on néglige. D'ordinaire, la température d'un lieu s'estime par la température moyenne de l'année; et c'est seulement des lignes formées à la surface du globe par les points dont la température moyenne est la même, des lignes *isothermes* (d'égale chaleur), qu'on tient compte. Mais il en est d'autres encore plus importantes au point de vue de l'acclimatation : ce sont celles que forment les extrêmes températures d'été et celles d'hiver, les extrêmes de chaleur et ceux de froid, qui sont désignés par le nom de *lignes isothères* (d'égal été) et par celui de *lignes isochimènes* (d'égal hiver).

Les lignes isothermes ne coïncident que rarement avec les isothères et les isochimènes. Car la température moyenne d'un lieu peut dépendre de deux causes différentes : ou de ce qu'un été très chaud compense un hiver très rigoureux, ou de ce que les températures extrêmes s'écartent peu de la moyenne. Le premier cas se présente dans l'orient de l'Europe, et dans cette partie de l'Asie dont nous voudrions voir les chevaux importés chez nous; le second est au contraire celui de l'Europe occidentale. Ces faits sont autant de conséquences des lois générales de la physique du globe, qui régissent partout les courants aériens et les courants maritimes. Elles ont été expliquées par Humboldt et par les physiciens qui marchent sur ses traces.

On comprend que deux températures moyennes, dont l'une sera le résultat de peu de variations, de l'égalité presque constante entre les étés et les hivers, et l'autre de compensation

(1) Larrey rapporte que, dans la campagne de Pologne, un régiment (le 3e de la garde) fut anéanti par le froid, que supportèrent aisément d'autres régiments (le 1er et le 2e) formés de Français et d'Italiens. Et chacun sait que la désastreuse campagne de Russie a été beaucoup moins mortelle aux hommes du Midi qu'aux Allemands.

entre des étés à grande chaleur et des hivers à grand froid, auront une action bien différente sur les êtres organisés ; et que l'étendue de cette différence sera proportionnelle à l'étendue des variations extrêmes. Le cheval élevé dans un pays où il subit annuellement des variations très considérables du froid au chaud et du chaud au froid sera bien autrement disposé à supporter un changement quelconque de température que celui qui est né et qui a vécu sous une température peu variée. La première condition est aussi favorable à l'acclimatation que la seconde lui est contraire. Toutes choses égales d'ailleurs, son acclimatation s'opérera donc bien plus facilement de l'est à l'ouest que de l'ouest à l'est, et du midi au nord que du nord au midi.

L'histoire de tous les temps confirme, tant pour les individualités que pour les générations, la vérité de ces grandes lois d'acclimatation.

Voyez les chevaux de l'Orient passant en Pologne, dans l'Ukraine et dans les autres provinces de la Russie ; de l'Espagne, où les avaient conduits les successeurs de Mahomet, dans la Gaule, en Allemagne, en Angleterre ; et partout réussissant et donnant d'excellents produits. En Espagne, le destrier et le genet, chevaux de bataille ; en Gaule, le Percheron, cheval de trait, et le Normand ; en Flandre, cet ancien cheval dont Rubens nous a légué le modèle ; en Angleterre, le cheval d'hippodrome ; et des races géantes, ainsi que dans quelques régions de l'Allemagne. Dans toutes les contrées où la nourriture est abondante et le sol bas et humide, ces races orientales rendent plus corpulentes les races avec lesquelles on les croise. Cet effet est dû pour elles à l'augmentation de nourriture et au climat plus dilatant ; et, pour les races avec lesquelles on les croise, à la surexcitation d'appétit et de force digestive produites par l'infusion d'un sang plus vif et plus énergique. Quant à la résistance aux alternatives de températures, rappelons-nous combien, dans la campagne de Crimée, elle a été puissante de la part de chevaux orientaux qui cependant n'étaient pas de premier sang, de la part des petits chevaux algériens.

Si la nourriture est pauvre, ces races primitives se concentrent, ne fournissent que des produits de petite taille, mais qui conservent cependant une grande énergie. Tels sont les poneys d'Écosse; les cognats de Pologne et de Russie, nos chevaux des Landes; tous petits animaux, qui, sous le poids d'un cavalier, courent aussi vite et résistent souvent mieux à la fatigue que de grands chevaux de races plus communes.

Ajoutons qu'après ces acclimatations et ces modifications inverses dans leur corpulence, ces animaux de race primitive conservent la puissance de revenir, par la réacclimatation, à leur type primitif.

Autant les succès sont certains, dans cette marche de l'acclimatation, autant le sont les insuccès dans la marche inverse. Les chevaux anglais succombaient par milliers en Crimée. Ils n'ont jamais donné que de très mauvais produits dans le midi de la France, à Cadix, à Buenos-Ayres. La Franche-Comté, appelée autrefois la terre du Cheval, est devenue, par l'importation des chevaux du Nord, le réceptacle des animaux les plus difformes. Les grands chevaux de Pologne, introduits par Stanislas en Lorraine, y sont représentés par de petits animaux. Les gigantesques chevaux de trait et de faix des riches contrées de l'Allemagne, de l'Angleterre, du littoral du nord de la Flandre, de la Normandie, qui conservent dans leurs localités le type de leurs anciennes races, tous ces colosses, quand on les transporte dans les pays chauds et secs, y fournissent des produits qui vont s'atténuant de génération en génération, jusqu'à ce que la race finisse par s'évanouir. Et, si nous voulons nous contenter d'exemples pris en France, et que nous avons tous les jours sous les yeux, les chevaux de nos provinces du Nord amenés dans celles du Midi, ceux de Normandie dans les plaines de Nîmes et de Montpellier, restent longtemps, deux ans au moins, avant d'être assez acclimatés pour faire un service rémunérateur, et leurs produits n'y sont jamais que de très médiocres produits : tandis que la race navarrine, élevée dans les environs de Bayonne, se fait immédiatement à nos climats du Nord.

Nous pourrions des autres espèces animales et de celles du règne végétal tirer d'autres preuves à l'appui des lois que nous venons d'exposer. Mais ces preuves nous entraîneraient trop loin (1), et ces lois nous paraissent assez démontrées.

Une d'elles, celle de la préférence du passage du chaud au froid à celui du froid au chaud, avait été entrevue, il y a longues années, par plusieurs hommes de cheval. Nous lisons dans l'ouvrage de M. Préseau de Dampierre, mestre de camp sous Louis XV : « M. de la Guérinière seul, en observant que les étalons des pays chauds sont plus propres à commencer des races, et leurs productions à les continuer, paraît avoir connu le principe fondamental des haras. »

Il y aurait aussi à traiter du passage du sec à l'humide et de celui de l'humide au sec; mais le cheval des pays humides est trop peu estimé pour que vienne jamais dans l'esprit de personne l'idée de le conduire comme générateur dans un pays sec. « Le cheval de marais, dit l'Arabe, n'est bon qu'à porter le bât. » Il n'y a donc pas à s'en occuper.

Acclimatation en France de la race caucasienne. — L'acclimatation de la race caucasienne en France se ferait, quant à

(1) Contentons-nous de quelques exemples fournis par l'espèce humaine. Rappelons-nous les Grecs de Xénophon et ceux d'Alexandre résistant au climat des régions froides de l'Asie; les Romains de César au climat rude et marécageux des forêts de la Gaule et de la Germanie; les Gaulois et les Germains, au contraire, succombant sous les chaleurs de l'Italie et encore sous celles de l'Asie; au point que les Romains cessèrent de les employer dans ces contrées. De nos jours, les campagnes de Pologne et de Russie ont été moins funestes pour les hommes du Midi que pour ceux de la Hollande et de l'Allemagne, comme nous l'avons vu dans la note de la page 26. Les Anglais ne durent, en moyenne, que sept ans dans l'Inde. L'Amérique méridionale, dépeuplée de ses indigènes par la cruauté et par l'imprévoyance des Espagnols, a dévoré bien des immigrations du Nord et de l'Occident. Des hommes de ces contrées sans doute y peuvent vivre, et leurs descendants, après plusieurs générations, s'y acclimater; mais ils n'y vaudront jamais pour le travail les hommes du Midi ou ceux de l'Est. C'est là le motif qui, jusqu'à ce qu'elle ait pu se procurer des travailleurs de ces derniers pays, fera maintenir par l'Amérique du Sud le principe de l'esclavage des noirs.

la longitude, de l'est à l'ouest, des contrées de l'Asie avoisinant l'Europe orientale vers l'Europe occidentale, c'est-à-dire, comme nous l'avons expliqué page 27, de régions à grandes variations de températures vers des régions à températures plus égales; et quant à la latitude, presque sans changement, puisque Trébizonde et Madrid sont presque sous la même latitude. Et, en remontant vers la France, un changement en latitude s'opère dans un sens encore plus favorable. L'acclimatation aurait donc lieu dans d'excellentes conditions. Ajoutons que les environs de la mer Noire sont, en général, soumis à des climats excessifs, à des étés extrêmement chauds et à des hivers extrêmement froids; que les chevaux de ces contrées sont endurcis à ces alternatives annuelles, auxquelles ils sont exposés en plein air, sans abris. Rien ne saurait remplacer, pour le Cheval de guerre, cette prédisposition héréditaire, reposant sur un nombre immense de générations. Pour le Cheval caucasien, quelle que soit la contrée où on le transporte, le régime de la caserne, du bivouac même, constitue une amélioration dans son mode d'existence, un bien-être relatif. Les conditions dans lesquelles cette race s'est formée sont celles qui donnent à leur maximum les qualités qu'il faut demander au cheval de service en général, et surtout au Cheval de guerre.

Acclimatation de la race arabe.—L'acclimatation du Cheval arabe passant en Europe se fait aussi du Midi au Nord; mais avec une différence énorme de latitude. Car le tropique coupe à peu près par le milieu la péninsule arabique, et le centre de la France est par 43 degrés. C'est donc, en moyenne, 20 degrés de différence. Toutefois, à cause, en partie, de la rudesse de son éducation et de son hygiène, il y réussit moins bien toutefois que ne le ferait le caucasien.

Acclimatation de la race anglaise. — L'acclimatation du Cheval anglais en France s'opère dans des conditions bien plus défavorables. D'abord en Angleterre, en raison de sa position insulaire, la température, a le double inconvénient d'être humide et à extrêmes peu éloignés de chaleur. Ce dernier inconvénient est énorme, comme nous l'avons dit pour le

Cheval de guerre, appelé parfois, ainsi que nous l'avons vu récemment, à supporter dans la même campagne des variations de température de 30 à 40 degrés. En outre, son acclimatation en France a lieu du nord au midi ; et, quoique la différence de latitude soit peu considérable, les effets en sont très sensibles dans nos provinces méridionales. — Ajoutons, pour les chevaux anglais dits de pur sang, les seuls qu'on puisse présenter pour régénérateurs, comme nous l'avons dit pages 22 et 24, que la délicatesse de leur éducation leur rend encore plus sensible le changement de température, comme tout changement dans leur hygiène. Si la race anglaise de pur sang ou de demi-sang pouvait régénérer nos chevaux, depuis le temps que nous en importons en France, nous pourrions fournir des chevaux à toute l'Europe, au lieu de continuer à en importer chaque année.

Tout cela a été oublié quand on a dit : « Les Anglais ont » amélioré leurs races par des chevaux primitifs, par des » orientaux. Il est inutile de recommencer le chemin qu'ils » ont parcouru, de nous attarder en remontant à leur point » de départ. Prenons pour point de départ leur point d'arri- » vée ; pour régénérateurs les générateurs par eux obtenus de » croisements avec le type primitif. » Funeste conseil, qui n'a été que trop suivi. A leur point de départ, les Anglais ont choisi du sang oriental pur, qu'ils ont transporté du chaud au froid. Nous, à leur point d'arrivée, nous trouvons une race à la vérité pure ou à peu près, mais complétement modifiée par un long séjour sous un ciel humide, froid et à extrêmes de température peu variables ; par une hygiène qui lui a donné trop d'impressionnabilité et de délicatesse, et par une éducation toute spéciale pour les courses. Et cette race régénératrice nous la transportons d'un climat plus froid dans un plus chaud. Nous avons cru faire comme les Anglais, quand nous faisions précisément l'inverse. Ce n'est pas tout. En adoptant pour régénératrice de toutes nos races en France, la race de course obtenue par l'Angleterre, nous n'avons pas vu que cette race est une spécialité impropre à la production que nous désirons obtenir.

Préférence à donner à la race caucasienne. — En résumé, le Cheval caucasien doit à sa nature, à la conservation de sa pureté de race, au milieu dans lequel il se trouve, à sa vie de liberté, à son hygiène, à la sélection opérée par la dureté de cette hygiène et par les ravages des animaux féroces, une constitution plus forte; une déperdition moindre, une sobriété plus grande, une trempe de muscles plus vigoureuse, un ensemble plus parfait, une intelligence plus développée, un courage plus énergique; comme il doit à l'antiquité de sa race une puissance plus prononcée de transmissibilité de ses qualités, et à la température généralement plus chaude et plus sèche, et surtout à des variations extrêmes de chaud et de froid, plus de facilité d'acclimatation. Il serait donc, sous tous les rapports, le meilleur régénérateur de nos races chevalines, surtout de la race de guerre.

Causes de la préférence donnée à tort à d'autres races. — Pourquoi donc, au lieu de cette race primitive des provinces caucasiennes, a-t-on, en France, choisi pour régénératrice l'arabe, et surtout l'anglaise?

L'Empire avait assez bien compris les conditions d'amélioration de nos races chevalines. Ses théories, ses efforts méritent des éloges, si l'on veut se placer dans les conditions où il se trouvait, comme on doit toujours le faire pour juger des personnes et des choses. Il ne pouvait songer à la race caucasienne, qu'on ne connaissait pas alors; mais il voulut du moins la race arabe. Malheureusement il ne put s'en procurer de beaux types.

Après l'Empire, c'était de l'Angleterre que revenaient les princes de la branche aînée; ça été de l'Angleterre que chacun voulait paraître revenir. Les princes rapportaient et les courtisans copiaient une anglomanie superficielle et ignorante; entichés qu'ils étaient, les uns et les autres, de résultats dont ils n'avaient approfondi ni les causes ni la portée, et joignant à cette fascination étrangère le désir de prendre en tout le contre-pied de ce qu'avait fait l'Empire.

L'engouement pour la race anglaise s'exalta au spectacle des courses, où ses produits font preuve d'une grande vitesse, qualité la plus frappante et la seule appréciée par les esprits irréfléchis. — On fut aussi séduit par l'élévation de la taille du Cheval anglais. Avec les premiers types de l'Angleterre on n'avait guère à mettre en comparaison que des arabes rabougris et des africains difformes. Les beaux fruits de l'Angleterre devaient l'emporter sur les épluchures de l'Orient.

Enfin, l'étalon anglais donne à la première génération des animaux plus grands, plus imposants, plus vites, plus convenables au luxe et aux courses que ne les donne l'étalon oriental. Les éleveurs, dont le but est d'obtenir tout de suite des produits de bonne et rapide défaite, plutôt que de bons producteurs, préférèrent cet étalon, de pur sang pour la course et de demi-sang pour le service, à l'étalon oriental, dont la supériorité sur l'anglais ne se montre que dans les générations successives.

L'administration des haras, tantôt partageant l'erreur commune, tantôt cédant aux sollicitations des intérêts de localités ou de particuliers, à diverses influences, a distribué, en prix de courses, de jeu, en primes irrationnelles pour la production des chevaux de n'importe quelle race, les fonds qu'elle aurait dû ne consacrer qu'à l'amélioration de la race de guerre.

L'Angleterre a fait des chevaux que nous pouvons bien acheter comme produits de luxe, mais que nous ne devons pas acheter comme producteurs d'animaux pour la guerre. L'Angleterre a été créatrice et marchande intelligente. La France a été imitatrice inintelligente et chalande dupe. Tant de millions, tant d'années, tant d'efforts, tant de sacrifices, à quoi ont-ils abouti? A la perte de nos bonnes races.

Objections.—Tout en reconnaissant cette supériorité de la race caucasienne, quelques personnes objectent la petitesse de sa taille, la difficulté de se la procurer et la cherté de son prix.

Nous ferons d'abord observer que la petitesse de la taille du Cheval oriental est plus apparente que réelle. Mesuré par les angles, il est souvent plus grand qu'un plus élevé, mais qui est droit-perché. Ces angles s'ouvrent dans la marche. Aussi dit-on qu'il grandit en mouvement. En outre, il arrive très souvent, dans le croisement avec une jument de grande taille, que le produit prend la taille de la mère, dont le sein est, suivant l'expression énergique des éleveurs, le premier pâturage du poulain. Ajoutons qu'entre le Cyrus et l'Araxe, et de l'autre côté de la mer Caspienne, surtout dans le Turcoman et dans le Daghestan, sont des chevaux de cette race caucasienne, importée, acclimatée et conservée depuis des milliers d'années; qu'ils ont, par le changement de milieu, gagné en développement; que dans ces provinces il s'en trouve d'une corpulence énorme, des animaux qui, chargés de deux hommes, traversent l'Araxe, le plus rapide de tous les fleuves, que d'autres chevaux, de race pure aussi et très énergique, ne peuvent franchir sous le poids d'un seul cavalier. Ces animaux, qui vivent dans un climat à extrêmes de chaleur pendant l'été et à extrêmes de froid dans l'hiver, pourraient surtout être employés à la reproduction dans le nord de la France, où ils réussiraient certainement mieux que les anglais.

La seconde et la troisième objection ont plus de force; nous croyons cependant qu'elles ont été exagérées.

La difficulté de se procurer des Chevaux caucasiens a surtout été proclamée, si nous sommes bien renseignés, par des personnes qui n'ont été chercher le Cheval d'Asie que dans l'Arabie proprement dite, ou au Caire, ou seulement sur la ligne de Bassora à Constantinople : tous pays où la plupart des chevaux qui se vendent ne sont que des ramas d'animaux de diverses races, surtout des arabes de toutes tribus. Aussi en parle-t-on avec raison comme d'animaux entachés de tares ou disposés à en contracter aisément. Mais, dans la plupart des provinces de l'Asie centrale que nous avons citées, on voit encore, comme aux époques d'Hérodote et d'Alexandre, des troupeaux de chevaux qui ont toujours vécu à l'état de liberté et ont été conservés comme reproducteurs. Nous lisons dans un des derniers numéros de la *Revue britannique* (février 1861) : « Le chef d'une tribu (Kirghis) possédait près de 10 000 chevaux; d'autres, de sa tribu, en avaient de 5000 à 7000..... Il n'est pas rare de trouver des Kirghis possédant plus de 8000 à 10 000 chevaux. » Il en est de même dans l'Ukraine méridionale, qui avoisine la mer Caspienne. Ces troupeaux immenses, qui se subdivisent souvent pour la facilitation de la nourriture, sont gardés par des Cosaques montés sur des chevaux au moyen desquels ils les rassemblent. Dans le Kurdistan, ces animaux sont même si nombreux, qu'on les chasse comme gibier. Sur les bords de la mer Caspienne et en Crimée, près de Kerch, des seigneurs ont formé des haras de Chevaux caucasiens, d'où l'on tire les producteurs pour les haras du nord de la Russie. — On peut consulter, au surplus, sur les moyens de se procurer des chevaux dans ces contrées, plusieurs articles fort intéressants qui ont paru dans la *France hippique*, numéros du 9 mars 1861 et suivants.

Le prix de ces chevaux serait, nous assure-t-on, beaucoup moins élevé que celui des chevaux de pur sang anglais.

Au surplus, quant à ces deux questions, difficulté de se procurer de ces animaux et cherté de leur prix, attendons le résultat des essais de l'administration, qui en a déjà fait acheter plusieurs, et qui veut s'en procurer d'autres pour la fondation d'un haras en Algérie.

Conclusion.

Les principes que nous venons de développer, encore méconnus en France, reçoivent depuis longtemps application dans d'autres pays.

La Russie regarde le Cheval tcherkess (entre le Kour et l'Araxe) comme son meilleur reproducteur. C'est des régions caucasiennes que viennent maintenant tous les chevaux de la cavalerie russe et une partie de ceux de la cavalerie allemande. M. le baron d'Hanens, dans le *Journal des cultivateurs* (1860), nous apprend, que la Russie, le Brunswick, la Prusse, la Gallicie autrichienne, ont exclu les étalons anglais de la production des chevaux de guerre ; que la Russie, depuis plus de quinze ans, pour conserver l'excellente race des Zaporogues, dans le Gouvernement d'Ekaterinoslaw, entre le Bug et le Dniéper, a été obligée de revenir au croisement avec des chevaux orientaux, et ne garde d'étalons anglais que pour la production de chevaux de luxe, de selle et d'attelage; qu'en 1847, le gouvernement de Brunswick a fait vendre à bas prix tous ceux qu'il avait dans ses haras; qu'il n'en entre plus dans les haras prussiens; et que la Gallicie autrichienne, il y a déjà plus de douze ans, ne pouvait vendre dans ses haras un seul de ses produits anglais sur plus de deux cents.

Ouvrons aussi les yeux et entrons dans la véritable voie d'amélioration de nos races chevalines, des chevaux de guerre surtout, un des principaux éléments de la défense du pays. Sans esprit d'*exclusivité*, ne repoussons pas l'aide du système de la sélection entre nos indigènes; mais ayons largement recours à l'importation de la meilleure des races étrangères, à celle des provinces caucasiennes, dont nous recueillerons les fruits par les croisements, et surtout par la conservation pure d'un troupeau importé, qui produira une *race résultante* du sang primitif et de l'acclimatation. Pour les recueillir ces fruits, il ne faudrait ni un troupeau bien considérable, ni un temps bien long, puisque les juments donnent, en moyenne, trois produits sur quatre saillies, c'est-à-dire trois en quatre ans, et qu'il suffit d'un étalon pour vingt juments.

Le gouvernement vient déjà de proclamer la supériorité des chevaux des provinces caucasiennes par les achats qu'il a faits de plusieurs, et par les ordres donnés de s'en procurer d'autres pour la fondation d'un haras en Algérie. C'est un premier pas, et un grand pas, dans une bonne voie. Mais ce n'est pas au commencement, c'est à la fin de la carrière que se gagne la couronne. Les produits d'un établissement en Algérie peuvent, d'ailleurs, ne point nous arriver dans une guerre où la mer nous serait fermée. Et même, si l'Algérie est possédée par la France, elle n'y est pas incorporée. Enfin, la race conservée et améliorée en Arabie ne sera pas la race *résultante* du pur sang et de l'acclimatation en France, dans cette France à laquelle ce qui manque pour l'amélioration des races chevalines, ce ne sont pas les conditions de la nature, c'en est le bon emploi. Le climat et le territoire de la France sont favorables à l'élève du Cheval. Les pentes et les plateaux de la Bourgogne, de la Franche-Comté, du Nivernais, du Dauphiné même, pleins de silex, d'excellents calcaires, de mines de fer, étaient le siége ou le parcours des races si renommées de la Gaule. Ces races, grandes et vigoureuses, fournissaient à la guerre des chevaux de qualités supérieures. Pourquoi sont-elles devenues difformes presque partout? Nous l'avons dit : ça été par une inintelligence complète dans le choix des régénérateurs, et par ignorance des conditions du croisement et de celles de l'acclimatation. La Gaule, sans frais, avait de très bonnes races; la France, avec des frais énormes, en a de dégénérées. Mais l'ordre renaît souvent de l'excès du désordre, le bien de l'excès du mal, la raison de l'engouement irréfléchi, la sagesse de la désillusion. Le succès est à qui sait voir et mettre à profit le moment de résipiscence.

TABLE DES MATIÈRES.

Intervention de l'État 5
Modes d'amélioration 6
Sélection 6
Croisement 7
Acclimatation et conservation d'une race pure 10
Qualités du cheval de guerre 11
Diverses races régénératrices 11
Race caucasienne 12
Race arabe 20
Race anglaise 22
De l'acclimatation. — Ses principes 24
Acclimatation en France de la race caucasienne 29
— de la race arabe 30
— de la race anglaise 30
Préférence pour la race caucasienne 32
Causes de la préférence donnée à tort à d'autres races 32
Objections 33
Adoption de ces principes à l'étranger 35
Conclusion 35
Nécessité de les adopter 36

www.ingramcontent.com/pod-product-compliance
Ingram Content Group UK Ltd.
Pitfield, Milton Keynes, MK11 3LW, UK
UKHW022154190726
13855UKWH00004B/1472